The Periodic Table of Elements Quiz

Alexander McRose

Dedication

To R.I. who motivates and comforts me.

Introduction

This book is ideal for all students who struggle with chemistry and the periodic table of elements, as well as those who enjoy learning with fun and who want to prove to themselves how much they know.

The Periodic Table Of Elements Quiz Book will test your current knowledge about chemical elements. The point of this quiz is to give you some idea where you stand, and what areas you need to focus on to pass the real exam.

With 200 questions and answers the Periodic Table Of Elements Quiz Book is a must-have for pupils, students, and all those who love chemistry and quizzes!

Are you sure that you know everything about the periodic table of elements?

Are you ready to prove this?

Good luck!

Quiz Instructions

1. The book contains 4 chapters. Each of the four chapters is divided into 5 rounds of 10 questions.

2. We recommend that you download, open, and print out the answer form, which is to be found at the end of the book. This will make the whole procedure much easier, as you won't have to write down the answers in separate columns on your own.

3. For each multiple choice question, you should read the question and circle the correct answer in the answer form.

4. After each round of questions, the correct answers are provided. You can choose whether you would like to see the correct answers immediately after having completed the round, or you can do the whole test and check all the 200 answers.

Table of Contents

CHAPTER 1 - What Does The Symbol Stand For?...........................1

Chapter 1 - Round 1 Questions...2

Chapter 1 - Round 1 Correct Answer Sheet 4

Chapter 1 - Round 2 Questions...5

Chapter 1 - Round 2 Correct Answer Sheet 7

Chapter 1 - Round 3 Questions...8

Chapter 1 - Round 3 Correct Answer Sheet 10

Chapter 1 - Round 4 Questions...11

Chapter 1 - Round 4 Correct Answer Sheet 13

Chapter 1 - Round 5 Questions...14

Chapter 1 - Round 5 Correct Answer Sheet 16

CHAPTER 2 - What Is The Symbol For The Element?.................17

Chapter 2 - Round 1 Questions...18

Chapter 2 - Round 1 Correct Answer Sheet 20

Chapter 2 - Round 2 Questions...21

Chapter 2 - Round 2 Correct Answer Sheet 23

Chapter 2 - Round 3 Questions...24

Chapter 2 - Round 3 Correct Answer Sheet 26

Chapter 2 - Round 4 Questions...27

Chapter 2 - Round 4 Correct Answer Sheet 29

Chapter 2 - Round 5 Questions...30

Chapter 2 - Round 5 Correct Answer Sheet 32

CHAPTER 3 -   What Is The Atomic Number Of The Element? 33

Chapter 3 - Round 1 Questions..34

Chapter 3 - Round 1 Correct Answer Sheet 36

Chapter 3 - Round 2 Questions..37

Chapter 3 - Round 2 Correct Answer Sheet 39

Chapter 3 - Round 3 Questions..40

Chapter 3 - Round 3 Correct Answer Sheet 42

Chapter 3 - Round 4 Questions..43

Chapter 3 - Round 4 Correct Answer Sheet 45

Chapter 3 - Round 5 Questions..46

Chapter 3 - Round 5 Correct Answer Sheet 48

CHAPTER 4 -   Which Group Does The Element Belong To? 49

Chapter 4 - Round 1 Questions..50

Chapter 4 - Round 1 Correct Answer Sheet 52

Chapter 4 - Round 2 Questions..53

Chapter 4 - Round 2 Correct Answer Sheet 55

Chapter 4 - Round 3 Questions..56

Chapter 4 - Round 3 Correct Answer Sheet 58

Chapter 4 - Round 4 Questions..59

Chapter 4 - Round 4 Correct Answer Sheet 61

Chapter 4 - Round 5 Questions..62

Chapter 4 - Round 5 Correct Answer Sheet 64

ANSWER FORM 65

Final Words 74

CHAPTER 1 - What Does the Symbol Stand For?

Chapter 1 - Round 1 Questions

1. B

A. Bromine
B. Boron
C. Boromin

2. Mg

A. Manganese
B. Magnumium
C. Magnesium

3. Sc

A. Silicon
B. Scandium
C. Stroncium

4. Co

A. Cobalt
B. Copper
C. Comnium

5. Br

A. Berkelium
B. Bromine
C. Barium

6. Ru

A. Rubidium
B. Rhenium
C. Ruthenium

7. Xe

A. Xenium
B. Xenicum
C. Xenon

8. Sm

A. Samarium
B. Sodium
C. Selenium

9. Ta

A. Tantalum
B. Thallium
C. Tallurium

10. Bi

A. Bimium
B. Bismuth
C. Bosmium

Chapter 1 - Round 1 Correct Answer Sheet

1. B

2. C

3. B

4. A

5. B

6. C

7. C

8. A

9. A

10. B

Chapter 1 - Round 2 Questions

11. He

A. Hydrogen
B. Helium
C. Hefnium

12. F

A. Fluorine
B. Fluoride
C. Francium

13. S

A. Silver
B. Silicon
C. Sulfur

14. Ge

A. Geldium
B. Germanium
C. Gadolinium

15. Nb

A. Niobium
B. Neobium
C. Nobium

16. Ba

A. Baronium
B. Barmin
C. Barium

17. Er

A. Erbium
B. Eridium
C. Euridicum

18. Tl

A. Tellurium
B. Thallium
C. Thulium

19. Cm

A. Calcium
B. Californium
C. Curium

20. Y

A. Yttrium
B. Ytterbium
C. Yonium

Chapter 1 - Round 2 Correct Answer Sheet

11. B

12. A

13. C

14. B

15. A

16. C

17. A

18. B

19. C

20. A

Chapter 1 - Round 3 Questions

21. Be

A. Berkelium
B. Bermium
C. Beryllium

22. K

A. Krypton
B. Potassium
C. Nickel

23. Pd

A. Palladium
B. Padmium
C. Panomium

24. Ag

A. Silver
B. Agrumium
C. Arganon

25. Cd

A. Ceridum
B. Cadmium
C. Curidum

26. In

A. Iodine
B. Iron
C. Indium

27. Sn

A. Strontium
B. Tin
C. Sulfunin

28. Ce

A. Cerium
B. Cerbium
C. Cesium

29. Nd

A. Neptudium
B. Neodim
C. Neodymium

30. Pm

A. Promethium
B. Polonium
C. Potassium

Chapter 1 - Round 3 Correct Answer Sheet

21. C

22. B

23. A

24. A

25. B

26. C

27. B

28. A

29. C

30. A

Chapter 1 - Round 4 Questions

31. Ti

A. Titanium
B. Tin
C. Terbium

32. V

A. Vademecum
B. Vanolid
C. Vanadium

33. Cr

A. Chromium
B. Copper
C. Chlorine

34. Mn

A. Magnesium
B. Manganese
C. Molybdenum

35. Fe

A. Fluorine
B. Francium
C. Iron

36. Eu

A. Einsteinium
B. Erbium
C. Europium

37. Gd

A. Gallium
B. Gadolinium
C. Gold

38. Tb

A. Tantalum
B. Tungsten
C. Terbium

39. Dy

A. Dysprosium
B. Dallyum
C. Danonyum

40. Ho

A. Hydrogen
B. Holmium
C. Hornium

Chapter 1 - Round 4 Correct Answer Sheet

31. A

32. C

33. A

34. B

35. C

36. C

37. B

38. C

39. A

40. B

Chapter 1 - Round 5 Questions

41. Re

A. Ruthenium
B. Rexon
C. Rhenium

42. Os

A. Osmium
B. Ostesium
C. Radon

43. Ir

A. Iron
B. Iridium
C. Irmium

44. Pt

A. Protactinium
B. Plutonium
C. Platinum

45. Rn

A. Radon
B. Ruthenium
C. Rhenium

46. Fr

A. Fluorine
B. Francium
C. Fermanium

47. Ra

A. Radon
B. Ramethium
C. Radium

48. Ac

A. Arsenic
B. Actinium
C. Astacin

49. C

A. Curium
B. Carbon
C. Cerium

50. Ne

A. Neptunium
B. Nermium
C. Neon

Chapter 1 - Round 5 Correct Answer Sheet

41. C

42. A

43. B

44. C

45. A

46. B

47. C

48. B

49. B

50. C

CHAPTER 2 -
What is the Symbol
for the Element?

Chapter 2 - Round 1 Questions

1. Silicon

A. Sl
B. Si
C. Sn

2. Phosphorus

A. Ph
B. Ps
C. P

3. Sulfur

A. Sl
B. S
C. Su

4. Chlorine

A. Cl
B. Ch
C. Cn

5. Argon

A. Ag
B. Ar
C. An

6. Potassium

A. Po
B. P
C. K

7. Calcium

A. Cl
B. Cm
C. Ca

8. Germanium

A. Ge
B. Gr
C. Gm

9. Arsenic

A. As
B. Ar
C. An

10. Selenium

A. Sl
B. Se
C. Sn

Chapter 2 - Round 1 Correct Answer Sheet

1. B

2. C

3. B

4. A

5. B

6. C

7. C

8. A

9. A

10. B

Chapter 2 - Round 2 Questions

11. Rhodium

A. Ro
B. Rh
C. Rd

12. Palladium

A. Pd
B. Pl
C. Pa

13. Silver

A. Si
B. Nv
C. Ag

14. Cadmium

A. Ca
B. Cd
C. Cm

15. Indium

A. In
B. Id
C. Im

16. Tin

A. Si
B. Tn
C. Sn

17. Neodymium

A. Nd
B. Ne
C. Nd

18. Promethium

A. Pr
B. Pm
C. Pt

19. Samarium

A. Sa
B. Sr
C. Sm

20. Europium

A. Eu
B. Er
C. Ep

Chapter 2 - Round 2 Correct Answer Sheet

11. B

12. A

13. C

14. B

15. A

16. C

17. A

18. B

19. C

20. A

Chapter 2 - Round 3 Questions

21. Gadolinium

A. Ga
B. Gl
C. Gd

22. Rhenium

A. Rh
B. Re
C. Rn

23. Osmium

A. Os
B. Om
C. Ab

24. Iridium

A. Ir
B. Id
C. Im

25. Platinum

A. Pl
B. Pt
C. Pa

26. Gold

A. Go
B. Cn
C. Au

27. Mercury

A. Me
B. Hg
C. Mc

28. Thallium

A. Tl
B. Th
C. Tm

29. Radium

A. Rd
B. Ri
C. Ra

30. Actinium

A. Ac
B. At
C. Am

Chapter 2 - Round 3 Correct Answer Sheet

21. C

22. B

23. A

24. A

25. B

26. C

27. B

28. A

29. C

30. A

Chapter 2 - Round 4 Questions

31. Berkelium

A. Bk
B. Be
C. Bm

32. Californium

A. Ca
B. Cr
C. Cf

33. Nobelium

A. No
B. Nb
C. Nl

34. Beryllium

A. Br
B. Be
C. By

35. Fermium

A. Fe
B. No
C. Fm

36. Chromium

A. Ch
B. Cm
C. Cr

37. Nickel

A. Nk
B. Ni
C. Nl

38. Einsteinium

A. Ee
B. En
C. Es

39. Boron

A. B
B. Bo
C. Bn

40. Mendelevium

A. Me
B. Md
C. Ml

Chapter 2 - Round 4 Correct Answer Sheet

31. A

32. C

33. A

34. B

35. C

36. C

37. B

38. C

39. A

40. B

Chapter 2 - Round 5 Questions

41. Lithium

A. Lh
B. Lt
C. Li

42. Iron

A. Fe
B. Ir
C. Ne

43. Rubidium

A. Ru
B. Rb
C. Rd

44. Lanthanum

A. Ln
B. Lt
C. La

45. Carbon

A. C
B. Cr
C. Cb

46. Barium

A. B
B. Ba
C. Bi

47. Manganese

A. Mg
B. Ma
C. Mn

48. Cobalt

A. Cb
B. Co
C. Cl

49. Strontium

A. So
B. Sr
C. Sc

50. Cesium

A. Ce
B. Cm
C. Cs

Chapter 2 - Round 5 Correct Answer Sheet

41. C

42. A

43. B

44. C

45. A

46. B

47. C

48. B

49. B

50. C

CHAPTER 3 - What is the Atomic Number of the Element?

Chapter 3 - Round 1 Questions

1. Californium

A. 97
B. 98
C. 99

2. Gallium

A. 29
B. 30
C. 31

3. Palladium

A. 45
B. 46
C. 47

4. Osmium

A. 76
B. 77
C. 78

5. Carbon

A. 5
B. 6
C. 7

6. Samarium

A. 60
B. 61
C. 62

7. Gadolinium

A. 62
B. 63
C. 64

8. Neon

A. 10
B. 11
C. 12

9. Helium

A. 2
B. 3
C. 4

10. Cerium

A. 57
B. 58
C. 59

Chapter 3 - Round 1 Correct Answer Sheet

1. B

2. C

3. B

4. A

5. B

6. C

7. C

8. A

9. A

10. B

Chapter 3 - Round 2 Questions

11. Silver

A. 46
B. 47
C. 48

12. Rubidium

A. 37
B. 38
C. 39

13. Holmium

A. 65
B. 66
C. 67

14. Thallium

A. 80
B. 81
C. 82

15. Cesium

A. 55
B. 56
C. 57

16. Rhenium

A. 73
B. 74
C. 75

17. Tellurium

A. 52
B. 53
C. 54

18. Hydrogen

A. 0
B. 1
C. 2

19. Argon

A. 16
B. 17
C. 18

20. Chromium

A. 24
B. 25
C. 26

Chapter 3 - Round 2 Correct Answer Sheet

11. B

12. A

13. C

14. B

15. A

16. C

17. A

18. B

19. C

20. A

Chapter 3 - Round 3 Questions

21. Arsenic

A. 31
B. 32
C. 33

22. Beryllium

A. 3
B. 4
C. 5

23. Hafnium

A. 72
B. 73
C. 74

24. Niobium

A. 41
B. 42
C. 43

25. Berkelium

A. 96
B. 97
C. 98

26. Gold

A. 77
B. 78
C. 79

27. Thallium

A. 80
B. 81
C. 82

28. Calcium

A. 20
B. 21
C. 22

29. Copper

A. 27
B. 28
C. 29

30. Antimony

A. 51
B. 52
C. 53

Chapter 3 - Round 3 Correct Answer Sheet

21. C

22. B

23. A

24. A

25. B

26. C

27. B

28. A

29. C

30. A

Chapter 3 - Round 4 Questions

31. Tungsten

A. 74
B. 75
C. 76

32. Nitrogen

A. 5
B. 6
C. 7

33. Rhodium

A. 45
B. 46
C. 47

34. Barium

A. 55
B. 56
C. 57

35. Astatine

A. 83
B. 84
C. 85

36. Chlorine

A. 15
B. 16
C. 17

37. Scandium

A. 20
B. 21
C. 22

38. Nickel

A. 26
B. 27
C. 28

39. Tin

A. 50
B. 51
C. 52

40. Aluminum

A. 12
B. 13
C. 14

Chapter 3 - Round 4 Correct Answer Sheet

31. A

32. C

33. A

34. B

35. C

36. C

37. B

38. C

39. A

40. B

Chapter 3 - Round 5 Questions

41. Silicon

A. 12
B. 13
C. 14

42. Ruthenium

A. 44
B. 45
C. 46

43. Terbium

A. 64
B. 65
C. 66

44. Germanium

A. 30
B. 31
C. 32

45. Neodymium

A. 60
B. 61
C. 62

46. Americium

A. 94
B. 95
C. 96

47. Neptunium

A. 91
B. 92
C. 93

48. Titanium

A. 21
B. 22
C. 23

49. Selenium

A. 33
B. 34
C. 35

50. Oxygen

A. 6
B. 7
C. 8

Chapter 3 - Round 5 Correct Answer Sheet

41. C

42. A

43. B

44. C

45. A

46. B

47. C

48. B

49. B

50. C

Chapter 4 -
Which Group Does the Element Belong To?

Chapter 4 - Round 1 Questions

1. Fluorine

A. Metal
B. Halogen
C. Rare Earth

2. Carbon

A. Transition Metal
B. Alkali Metal
C. Non-Metal

3. Nitrogen

A. Metal
B. Non-Metal
C. Noble Gas

4. Beryllium

A. Alkali Earth Metal
B. Rare Earth
C. Halogen

5. Bromine

A. Alkali Earth Metal
B. Halogen
C. Metal

6. Phosphorus

A. Noble Gas
B. Transition Metal
C. Non-Metal

7. Bismuth

A. Alkali Earth Metal
B. Alkali Metal
C. Metal

8. Calcium

A. Alkali Earth Metal
B. Rare Earth
C. Transition Metal

9. Oxygen

A. Non-Metal
B. Noble Gas
C. Halogen

10. Aluminum

A. Transition Metal
B. Metal
C. Alkali Earth Metal

Chapter 4 - Round 1 Correct Answer Sheet

1. B

2. C

3. B

4. A

5. B

6. C

7. C

8. A

9. A

10. B

Chapter 4 - Round 2 Questions

11. Magnesium

A. Transition Metal
B. Alkali Earth Metal
C. Alkali Metal

12. Neon

A. Noble Gas
B. Halogen
C. Alkali Earth Metal

13. Carbon

A. Transition Metal
B. Rare Earth
C. Non-Metal

14. Berkelium

A. Non-Metal
B. Rare Earth
C. Metal

15. Silicon

A. Non-Metal
B. Transition Metal
C. Halogen

16. Arsenic

A. Rare Earth
B. Halogen
C. Non-Metal

17. Sodium

A. Alkali Metal
B. Transition Metal
C. Noble Gas

18. Einsteinium

A. Metal
B. Rare Earth
C. Non-Metal

19. Cadmium

A. Transition Metal
B. Halogen
C. Metal

20. Barium

A. Alkali Earth Metal
B. Rare Earth
C. Non-Metal

Chapter 4 - Round 2 Correct Answer Sheet

11. B

12. A

13. C

14. B

15. A

16. C

17. A

18. B

19. C

20. A

Chapter 4 - Round 3 Questions

21. Astatine

A. Metal
B. Noble Gas
C. Halogen

22. Cobalt

A. Metal
B. Transition Metal
C. Alkali Earth Metal

23. Erbium

A. Rare Earth
B. Metal
C. Noble Gas

24. Hafnium

A. Transition Metal
B. Metal
C. Alkali Earth Metal

25. Indium

A. Alkali Metal
B. Metal
C. Noble Gas

26. Dysprosium

A. Non-Metal
B. Metal
C. Rare Earth

27. Lanthanum

A. Metal
B. Transition Metal
C. Non-Metal

28. Krypton

A. Noble Gas
B. Rare Earth
C. Alkali Metal

29. Iodine

A. Noble Gas
B. Rare Earth
C. Halogen

30. Helium

A. Noble Gas
B. Rare Earth
C. Non-Metal

Chapter 4 - Round 3 Correct Answer Sheet

21. C

22. B

23. A

24. A

25. B

26. C

27. B

28. A

29. C

30. A

Chapter 4 - Round 4 Questions

31. Holmium

A. Rare Earth
B. Alkali Earth Metal
C. Metal

32. Curium

A. Halogen
B. Metal
C. Rare Earth

33. Copper

A. Transition Metal
B. Alkali Earth Metal
C. Metal

34. Iridium

A. Metal
B. Transition Metal
C. Noble Gas

35. Lead

A. Halogen
B. Non-Metal
C. Metal

36. Iron

A. Non-Metal
B. Alkali Earth Metal
C. Transition Metal

37. Hydrogen

A. Metal
B. Non-Metal
C. Alkali Earth Metal

38. Xenon

A. Halogen
B. Non-Metal
C. Noble Gas

39. Uranium

A. Rare Earth
B. Metal
C. Alkali Earth Metal

40. Tungsten

A. Alkali Earth Metal
B. Transition Metal
C. Noble Gas

Chapter 4 - Round 4 Correct Answer Sheet

31. A

32. C

33. A

34. B

35. C

36. C

37. B

38. C

39. A

40. B

Chapter 4 - Round 5 Questions

41. Vanadium

A. Alkali Earth Metal
B. Metal
C. Transition Metal

42. Tin

A. Metal
B. Alkali Earth Metal
C. Transition Metal

43. Argon

A. Non-Metal
B. Noble Gas
C. Rare Earth

44. Antimony

A. Alkali Earth Metal
B. Transition Metal
C. Metal

45. Americium

A. Rare Earth
B. Noble Gas
C. Alkali Metal

46. Cesium

A. Alkali Earth Metal
B. Alkali Metal
C. Metal

47. Boron

A. Metal
B. Transition Metal
C. Non-Metal

48. Chromium

A. Rare Earth
B. Transition Metal
C. Noble Gas

49. Titanium

A. Metal
B. Transition Metal
C. Alkali Earth Metal

50. Chlorine

A. Noble Gas
B. Non-Metal
C. Halogen

Chapter 4 - Round 5 Correct Answer Sheet

41. C

42. A

43. B

44. C

45. A

46. B

47. C

48. B

49. B

50. C

Answer Form

Chapter 1 - What Does the Symbol Stand For?

Round 1 Questions

1.	A	B	C	D
2.	A	B	C	D
3.	A	B	C	D
4.	A	B	C	D
5.	A	B	C	D
6.	A	B	C	D
7.	A	B	C	D
8.	A	B	C	D
9.	A	B	C	D
10.	A	B	C	D

Round 2 Questions

11.	A	B	C	D
12.	A	B	C	D
13.	A	B	C	D
14.	A	B	C	D
15.	A	B	C	D
16.	A	B	C	D
17.	A	B	C	D
18.	A	B	C	D
19.	A	B	C	D
20.	A	B	C	D

Round 3 Questions

21.	A	B	C	D
22.	A	B	C	D
23.	A	B	C	D
24.	A	B	C	D
25.	A	B	C	D
26.	A	B	C	D
27.	A	B	C	D
28.	A	B	C	D
29.	A	B	C	D
30.	A	B	C	D

Round 4 Questions

31.	A	B	C	D
32.	A	B	C	D
33.	A	B	C	D
34.	A	B	C	D
35.	A	B	C	D
36.	A	B	C	D
37.	A	B	C	D
38.	A	B	C	D
39.	A	B	C	D
40.	A	B	C	D

Round 5 Questions

41.	A	B	C	D
42.	A	B	C	D
43.	A	B	C	D
44.	A	B	C	D
45.	A	B	C	D
46.	A	B	C	D
47.	A	B	C	D
48.	A	B	C	D
49.	A	B	C	D
50.	A	B	C	D

Chapter 2 - What is the symbol for the element?

Round 1 Questions

1.	A	B	C	D
2.	A	B	C	D
3.	A	B	C	D
4.	A	B	C	D
5.	A	B	C	D
6.	A	B	C	D
7.	A	B	C	D
8.	A	B	C	D
9.	A	B	C	D
10.	A	B	C	D

Round 2 Questions

11.	A	B	C	D
12.	A	B	C	D
13.	A	B	C	D
14.	A	B	C	D
15.	A	B	C	D
16.	A	B	C	D
17.	A	B	C	D
18.	A	B	C	D
19.	A	B	C	D
20.	A	B	C	D

Round 3 Questions

21. A B C D
22. A B C D
23. A B C D
24. A B C D
25. A B C D
26. A B C D
27. A B C D
28. A B C D
29. A B C D
30. A B C D

Round 4 Questions

31. A B C D
32. A B C D
33. A B C D
34. A B C D
35. A B C D
36. A B C D
37. A B C D
38. A B C D
39. A B C D
40. A B C D

Round 5 Questions

41. A B C D
42. A B C D
43. A B C D
44. A B C D
45. A B C D
46. A B C D
47. A B C D
48. A B C D
49. A B C D
50. A B C D

Chapter 3 – What is the Atomic Number of the Element?

Round 1 Questions

1.	A	B	C	D
2.	A	B	C	D
3.	A	B	C	D
4.	A	B	C	D
5.	A	B	C	D
6.	A	B	C	D
7.	A	B	C	D
8.	A	B	C	D
9.	A	B	C	D
10.	A	B	C	D

Round 2 Questions

11.	A	B	C	D
12.	A	B	C	D
13.	A	B	C	D
14.	A	B	C	D
15.	A	B	C	D
16.	A	B	C	D
17.	A	B	C	D
18.	A	B	C	D
19.	A	B	C	D
20.	A	B	C	D

Round 3 Questions

21.	A	B	C	D
22.	A	B	C	D
23.	A	B	C	D
24.	A	B	C	D
25.	A	B	C	D
26.	A	B	C	D
27.	A	B	C	D
28.	A	B	C	D
29.	A	B	C	D
30.	A	B	C	D

Round 4 Questions

31.	A	B	C	D
32.	A	B	C	D
33.	A	B	C	D
34.	A	B	C	D
35.	A	B	C	D
36.	A	B	C	D
37.	A	B	C	D
38.	A	B	C	D
39.	A	B	C	D
40.	A	B	C	D

Round 5 Questions

41.	A	B	C	D
42.	A	B	C	D
43.	A	B	C	D
44.	A	B	C	D
45.	A	B	C	D
46.	A	B	C	D
47.	A	B	C	D
48.	A	B	C	D
49.	A	B	C	D
50.	A	B	C	D

Chapter 4 – Which Group Does the Element Belong To?

Round 1 Questions

1.	A	B	C	D
2.	A	B	C	D
3.	A	B	C	D
4.	A	B	C	D
5.	A	B	C	D
6.	A	B	C	D
7.	A	B	C	D
8.	A	B	C	D
9.	A	B	C	D
10.	A	B	C	D

Round 2 Questions

11.	A	B	C	D
12.	A	B	C	D
13.	A	B	C	D
14.	A	B	C	D
15.	A	B	C	D
16.	A	B	C	D
17.	A	B	C	D
18.	A	B	C	D
19.	A	B	C	D
20.	A	B	C	D

Round 3 Questions

21.	A	B	C	D
22.	A	B	C	D
23.	A	B	C	D
24.	A	B	C	D
25.	A	B	C	D
26.	A	B	C	D
27.	A	B	C	D
28.	A	B	C	D
29.	A	B	C	D
30.	A	B	C	D

Round 4 Questions

31.	A	B	C	D
32.	A	B	C	D
33.	A	B	C	D
34.	A	B	C	D
35.	A	B	C	D
36.	A	B	C	D
37.	A	B	C	D
38.	A	B	C	D
39.	A	B	C	D
40.	A	B	C	D

Round 5 Questions

41.	A	B	C	D
42.	A	B	C	D
43.	A	B	C	D
44.	A	B	C	D
45.	A	B	C	D
46.	A	B	C	D
47.	A	B	C	D
48.	A	B	C	D
49.	A	B	C	D
50.	A	B	C	D

Final Words

I hope you enjoyed using this quiz book as much as I enjoyed making it. It was truly a labor of love.

I'm always striving to improve my books, and one of the ways I can do that is if I get an honest feedback on my work.

It would help me out a lot if you could leave your honest review.

Thank you so much for doing this!

Alexander McRose

Made in the USA
Las Vegas, NV
10 April 2024

88517068R00046